好滋味！
轻松学煲汤

主编◎张春玲

吉林科学技术出版社

图书在版编目（CIP）数据

好滋味！轻松学煲汤 / 张春玲主编. -- 长春 : 吉林科学技术出版社, 2019.12
ISBN 978-7-5578-3641-2

Ⅰ.①好… Ⅱ.①张… Ⅲ.①汤菜－菜谱 Ⅳ.①TS972.122

中国版本图书馆CIP数据核字(2018)第073271号

好滋味！ 轻松学煲汤
HAO ZIWEI! QINGSONG XUE BAOTANG

主　　编	张春玲
出 版 人	李　梁
责任编辑	端金香　郭劲松
书籍装帧	长春美印图文设计有限公司
封面设计	长春美印图文设计有限公司
幅面尺寸	185 mm × 260 mm
字　　数	200千字
印　　张	12.5
印　　数	5 000册
版　　次	2019年12月第1版
印　　次	2019年12月第1次印刷

出　　版　吉林科学技术出版社
发　　行　吉林科学技术出版社
地　　址　长春市净月区福祉大路5788号出版集团A座
邮　　编　130118
发行部电话/传真　0431-81629529　81629530　81629531
　　　　　　　　　81629532　81629533　81629534
储运部电话　0431-86059116
编辑部电话　0431-81629517
印　　刷　吉广控股有限公司

书　　号　ISBN 978-7-5578-3641-2
定　　价　49.90元

前　言

　　中国饮食几千年，"汤"早已成为饮食中一个很重要的品类。"吃肉不如喝汤"的观点早已在人们的心中根深蒂固，可见汤在人们心中的地位非同一般。本书不仅有美味可口的汤品，还有增强体质的养生汤品，为人们健康的饮食生活提供了保障。

　　本书精选了一百余款美味健康的汤品，共分为五大部分，其中包括大量的煲汤养颜秘籍。按养生需求进行合理搭配，让您在家中也能煲制出美味、滋补、养生的好汤。材料及做法一目了然，功效清楚又详细，让您喝得明明白白。

　　本书汤品制作工艺简单，详细的制作技巧会帮您解决其中的常见问题。希望本书对各位热爱生活的人有所帮助，让汤的营养滋养身体，让汤的爱意延续幸福。

目录
CONTENTS

＊第三章
体质大不同，选对养生汤

＊第四章
未病也需靓汤养

目录 CONTENTS

★ 第五章
常见病食疗，靓汤有疗效

第一章

一碗好汤，
煲养全家

茶树菇鸽肉汤

好滋味!

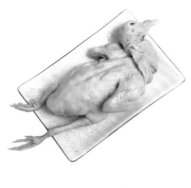

功效

这道汤的营养价值很高，可以益气补血、清热解毒，还有健脑安神、降低血脂等功效。

用料

| 鸽子 1 只
| 茶树菇 200 克
| 姜 1 块
| 料酒、精盐各适量

做法

1. 茶树菇洗净后剪去蒂，放水里浸泡30分钟；鸽子洗净，剁成块；姜切成片。

2. 锅置火上，倒入清水，烧开水后将鸽子焯烫一下，捞出来过凉水。

3. 另起锅，鸽子、茶树菇、姜片一起放入锅内，加入适量料酒，再加入适量清水没过鸽子肉，大火烧开后转小火炖40分钟，关火前撒上适量精盐即可。

黄豆猪蹄汤

好滋味！

功效

这道汤的营养丰富，适合秋冬滋补，具有通乳、气血双补、补虚养身等功效。

用料

| 猪蹄 2 只
| 黄豆 100 克
| 葱段 10 克
| 精盐适量

做法

1. 黄豆洗净，提前一晚用冷水浸泡；猪蹄去毛，洗净，剁成小块。

2. 猪蹄和黄豆放入锅中，加适量清水没过食材，先用大火烧开，后改用小火炖90分钟，直至猪蹄熟烂、汤汁浓稠，葱段放入汤中，加适量精盐，煮5分钟即可。

黄芪羊排汤

好滋味！

🍲 功效

　　这道汤具有帮助消化、补肾壮阳等功效，还可强建身体抵御外邪。

🥦 用料

| 羊排 1000 克
| 大枣 8 颗
| 黄芪 50 克
| 枸杞子、姜片、葱段各 10 克
| 精盐、料酒各适量

🍲 做法

1. 羊排洗净，切块；黄芪洗净，切成片；枸杞子用冷水浸泡10分钟。

2. 羊排放入冷水锅中烧沸，去浮沫，加料酒去膻，小火焯约5分钟，捞出。

3. 锅置火上，加水，大火烧开后放入羊排、葱段、姜片、大枣、黄芪片、料酒，盖上锅盖小火炖2小时，打开锅盖，放入枸杞子、精盐，再煮5分钟出锅即可。

木耳海参虾仁汤

好滋味！

🍲 功效

此汤补肾益精，是高蛋白、低脂肪、低胆固醇食物，尤其适合高血压、高血脂和冠心病患者食用。

🥢 用料

| 海参 1 只
| 鲜虾 300 克
| 大枣 15 颗
| 木耳、葱丝各 15 克
| 生抽、胡椒粉、精盐各适量

🍲 做法

1. 海参剖开肚，取出沙肠，洗净沥干，切成条；鲜虾去皮和虾线，洗净；木耳泡30分钟发透，去蒂根，洗净后撕成瓣。

2. 海参、鲜虾、木耳放入锅中，加水没过食材，煮沸后转小火炖30分钟至海参烂熟，出锅前撒上葱丝，放入大枣，加适量生抽、胡椒粉、精盐即可。

凉薯薏米红豆汤

好滋味！

功效

此汤有清心养神、健脾益肾的功效，能治肺燥、干咳，提升内脏活力，增强体力。

用料

| 凉薯 1 个
| 红豆、薏米各 150 克
| 大枣 8 颗
| 蜂蜜适量

做法

1. 凉薯洗净，将距凉薯尾部1/3处切下，挖出凉薯内的瓤；红豆、薏米放入清水中浸泡后捞出，放入锅中，倒入清水煮熟，用勺子将锅中的杂质撇净。

2. 大枣、煮熟的红豆、薏米放入凉薯中，凉薯放入蒸锅中，然后盖上之前切下的凉薯蒸25分钟，食用时还可搭配蜂蜜。

苋菜鲜笋汤

好滋味！

功效

这道汤的营养价值很高，含丰富的维生素C、钙、磷等，并能清热利湿、降火解毒。

用料

| 苋菜 300 克
| 春笋 200 克
| 姜片 5 克
| 生抽、精盐、植物油各适量

做法

1.苋菜去茎，洗净，切成段；春笋剥去笋衣，切去根部，再切成滚刀块，焯水。

2. 锅置火上，放入植物油烧热，放入姜片煸出香味，然后将笋块倒入锅中，加少量生抽翻炒均匀，倒入适量清水，用小火焖煮10分钟后加入苋菜，出锅前加精盐调味即可。

鲫鱼豆腐汤

好滋味！

功效

　　此汤含丰富的蛋白质，具有促进大脑发育、降低血脂、减肥美容等功效。

用料

| 鲫鱼 1 条
| 豆腐 400 克
| 葱白 10 克
| 姜片 5 克
| 香菜段、葱末、黄酒、精盐、植物油各适量

做法

1. 豆腐用盐水腌5分钟，沥水。
2. 鲫鱼洗净，抹上黄酒、精盐腌10分钟。
3. 锅中倒入植物油，待油烧至五成热时，将鱼两面煎至微黄，加适量清水，加入鲫鱼、葱白、姜片，用大火煮10分钟，再转小火煮30分钟，加入豆腐继续煮5分钟，出锅前撒上葱末、香菜段，用精盐调味即可。

木耳瘦肉汤

好滋味!

🍲 功效

此汤能益气强身，有活血功效，并可防治缺铁性贫血等。也可养血驻颜，疏通肠胃。

🍥 用料

| 里脊肉 200 克
| 姜片 3 克
| 木耳 5 克
| 大枣 6 颗
| 枸杞子、精盐各适量
| 油菜 80 克

🍳 做法

1. 木耳放入容器内，倒入清水泡发；油菜洗净；里脊肉洗净，顶刀切成片（若里脊肉过大，可从中间切开）。

2. 锅置火上，倒入清水，加入姜片、肉片煮5分钟，加入枸杞子、油菜、大枣、木耳、精盐再煮5分钟即可出锅。

番茄豆腐汤
好滋味!

🍲 功效

　　豆腐为补益、清热的养生食品，常食可补中益气、清热润燥、清洁肠胃。此汤除有帮助消化、增进食欲的功效外，对牙齿、骨骼也颇为有益。

🥣 用料

| 番茄 1 个
| 豆腐 200 克
| 芹菜 50 克
| 生抽、香油、精盐、植物油各适量

🍲 做法

1. 用刀在番茄顶端划十字，在开水里烫过，剥去外皮，切成小块；豆腐洗净，切成小块；芹菜择洗干净，切成粒。
2. 锅置火上，倒入植物油烧热，放入番茄块、精盐炒至番茄化成汁，放入豆腐，加开水没过豆腐块，炖10分钟，加点生抽调味，撒上芹菜粒，淋点香油即可。

南瓜鸡汤
好滋味！

🍲 功效

　　这道汤有补中益气、消炎止痛、解毒杀虫、降糖止渴等功效，还可促进生长发育。

🥗 用料

| 鸡腿 1 只
| 南瓜 250 克
| 大枣 8 颗
| 精盐、枸杞子、花生仁各适量

🍲 做法

1. 南瓜洗净，去皮、瓤，顺纹理切成条；鸡腿洗净，斩成条，再剁成小块。
2. 炒锅置火上，倒入清水、鸡块煮3～5分钟，用勺子将血沫及脏污撇净，捞出鸡块，沥水。
3. 起炖锅，加入清水、枸杞子、花生仁、鸡块、大枣、南瓜炖30分钟，加入适量精盐再煮3分钟即可。

板栗杜仲鸡爪汤

好滋味！

🥘 功效

　　此汤不仅可以降血压，还能安胎、补肝肾、强筋骨，功效极佳。

🥄 用料

| 鸡爪 500 克
| 板栗 200 克
| 五味子 5 克
| 杜仲、葱段、姜片各 10 克
| 料酒、精盐、植物油各适量

🍲 做法

1. 鸡爪洗净，剁去爪尖；板栗剥皮；杜仲、五味子洗净，装入纱布包。

2. 锅置火上，放植物油烧至七成热时，下葱段、姜片爆香，加入清水大火烧开，放入鸡爪、板栗、纱布包，倒入少量料酒后改小火慢炖，待鸡爪、板栗熟透后，加适量精盐调味即可。

魔芋鲜虾时蔬汤

好滋味！

功效

此汤可促进肠胃蠕动，具有解毒、补钙的功效。

用料

| 鲜虾 100 克
| 魔芋丝 500 克
| 香菇 90 克
| 胡萝卜 50 克
| 香油、生抽、精盐各适量

做法

1. 魔芋丝用清水浸泡30分钟；鲜虾去皮、去虾线，洗净；香菇浸泡10分钟，去蒂洗净后再浸泡15分钟；胡萝卜洗净后去皮，切成菱形薄片。

2. 魔芋丝放入沸水中焯2分钟，捞起。

3. 锅置火上，放入魔芋丝、鲜虾、香菇、胡萝卜，加清水没过食材，大火煮沸后转小火煮20分钟，出锅前撒上精盐，淋少量生抽和香油即可。

枸杞子黑豆羊肉汤

好滋味！

功效

此汤有补血、乌发之功效，适用于冬季进补。

用料

| 羊肉 500 克
| 黑豆 200 克
| 枸杞子 20 克
| 姜片、葱段各 10 克
| 料酒、精盐、植物油各适量

做法

1. 黑豆洗净，用冷水浸泡2小时；羊肉放入冷水中泡出血沫，切成方块。

2. 锅置火上，放植物油烧至五成热时，下羊肉、姜片翻炒，淋上料酒，待羊肉炒出香味后，加清水没过食材，放入黑豆、葱段、枸杞子，用大火烧开后，改用小火慢炖，待羊肉炖烂、黑豆煮熟时，加适量精盐调味即可。

木瓜芦荟煲鸡汤

好滋味！

功效

此汤有清热降火、清肠排毒等功效，但体质虚弱或者脾胃虚寒者应谨慎服用。

用料

| 鸡块 800 克

| 木瓜 200 克

| 鲜芦荟 100 克

| 姜片 10 克

| 精盐、葱花各适量

做法

1. 鸡块洗净；木瓜削皮后去子，切成厚片；芦荟削去边刺和外皮，洗净，用沸水略焯一下，切成大块。

2. 锅置火上，倒入鸡块、清水，大火烧开后撇净血沫，加入木瓜、姜片改小火煲90分钟，再放入芦荟煲30分钟，出锅前加适量精盐和葱花调匀即可。

板栗虫草花炖乌鸡

好滋味！

功效

此汤营养价值极高，可滋阴补血、益气健胃、清热润燥。女性经期食用可有效补充身体流失的营养。

用料

| 乌鸡 1 只
| 板栗、虫草花各 200 克
| 枸杞子 10 克
| 大枣 6 颗
| 精盐适量

做法

1. 乌鸡洗净，剁成块，焯烫后沥水；板栗剥皮；虫草花洗净，切去根茎部。

2. 锅置火上，加适量清水、乌鸡、板栗、大枣，大火煮沸后改小火炖2小时，放入虫草花和枸杞子再煮15分钟，出锅前加适量精盐调味即可。

荸荠玉米排骨汤

好滋味!

🥘 功效

　　这道汤既可解燥生津、清热泻火，又有利于牙齿和骨骼的健康。

🍳 用料

| 排骨 300 克

| 荸荠、玉米各 50 克

| 樱桃番茄 30 克

| 鸡精、精盐各适量

🍲 做法

1. 荸荠洗净，削去外皮；樱桃番茄和玉米焯一下，番茄剥皮；排骨洗净，切成块。

2. 锅置火上，将排骨放入沸水中焯一下，去血沫，捞出沥水。

3. 另起锅，焯好的排骨放在锅里，重新加水烧开，加入荸荠煲1小时左右，加入适量精盐、鸡精、樱桃番茄、玉米，开大火煮5分钟后即可。

冻豆腐白菜汤

好滋味！

🍲 功效

　　此汤中含有大量的粗纤维，可帮助消化，既能治疗便秘，又有助于营养吸收。

🥄 用料

| 冻豆腐 500 克
| 大白菜 300 克
| 枸杞子 10 克
| 葱花 10 克
| 精盐、鸡精、植物油各适量

🍲 做法

1. 冻豆腐略解冻，切成块；大白菜洗净，撕成小条。

2. 锅置火上，放植物油烧至七成热，下入葱花煸炒出香味，倒入大白菜翻炒3分钟后，再倒入适量清水没过食材，放入冻豆腐和枸杞子，大火烧开后转中火煮10分钟，出锅前加适量精盐和鸡精即可。

椰汁核桃煲鸡汤

好滋味！

功效

　　这道汤清暑解渴、补益脾胃，在炎炎夏日解暑的同时，还能补养身体。

用料

| 鸡肉 1000 克
| 椰子 2 个
| 核桃 100 克
| 香菇 90 克
| 大枣 8 颗
| 枸杞子 5 克
| 精盐适量

做法

1. 椰子打孔，倒出椰汁；核桃剥皮；香菇洗净；鸡肉洗净，切成块，放入沸水中焯2分钟后捞出。

2. 锅置火上，椰汁、鸡肉一起倒入锅中，加少量清水没过鸡肉，用大火烧开后转小火煲30分钟，倒入香菇、大枣再煲30分钟，鸡肉煮熟后加入核桃、枸杞子、精盐，5分钟后即可出锅。

莲藕板栗排骨汤

好滋味！

🥘 功效

这道汤有养胃润肺的功效，对于一般的感冒也可以起到治疗作用。

🍄 用料

| 莲藕 1 节
| 板栗 100 克
| 排骨 300 克
| 牛奶、精盐、香菜段各适量

🍲 做法

1. 莲藕去皮，洗净，切成片；板栗洗净，剥皮；排骨洗净，剁成块，入沸水焯烫，去血沫。

2. 锅置火上，倒入适量清水，放入莲藕、板栗、排骨，大火烧开后转小火炖2小时，出锅前倒入牛奶，再加精盐和香菜段调味即可。

竹荪鸡肉紫菜汤

好滋味!

🦐 功效

这道汤具有滋补强壮、益气补脑、润肺止咳、宁神健体的功效，还能提高免疫力，非常适合老人和孩子食用。

🍲 用料

| 鸡胸肉 200 克
| 竹荪、紫菜各 20 克
| 姜丝、葱末各 5 克
| 鸡蛋清 10 克
| 水淀粉、料酒、精盐、植物油各适量

🍳 做法

1. 竹荪洗净，剪去根，用手撕成细丝；鸡胸肉洗净，切成细丝，加鸡蛋清和精盐、水淀粉后抓匀。

2. 锅置火上，倒入适量植物油烧至四成热时，放入鸡肉丝滑油至熟，捞出沥油。

3. 炒锅置火上，倒入清水，放入葱末、姜丝和竹荪丝烧沸，再加入精盐、料酒调好味，撇去浮沫，下入鸡肉丝、紫菜烧沸，用水淀粉勾芡即可出锅。

第二章

四季养五脏，全靠一碗汤

丝瓜芽排骨汤

好滋味！

功效

此汤有清凉、利尿、活血、通经、解毒等功效。

用料

| 排骨 300 克

| 丝瓜芽 200 克

| 精盐、红椒丝、黄豆各适量

| 姜片 5 克

| 葱段 10 克

做法

1. 丝瓜芽洗净，去老根，切成段；排骨洗净，剁成段；黄豆泡发后捞出。

2. 炒锅置火上，倒入清水，加入排骨焯烫5～10分钟，用勺子撇净血沫，捞出沥水。

3. 另起锅，倒入清水，加入排骨、姜片、黄豆、葱段、精盐炖15～30分钟，加入丝瓜芽煮3分钟后撒上红椒丝即可。

香菇 春笋 汤

好滋味！

☞ 功效

这道汤可帮助消化、防止便秘。春笋搭配香菇一同食用，鲜味十足。

☞ 用料

| 香菇 600 克
| 春笋 500 克
| 葱花 10 克
| 鸡精、精盐、香菜段各适量

☞ 做法

1. 春笋剥皮后洗净，去除根茎处较硬部分，切成细段；香菇去蒂，洗净。
2. 春笋放入沸水中焯5分钟后捞出。
3. 锅置火上，倒入适量清水，大火烧开后，放入春笋和香菇小火炖40分钟，出锅前撒上香菜段和葱花，加适量鸡精、精盐调味即可。

荠菜豆腐丸子汤

好滋味！

🍲 功效

此汤具有和脾、利水、止血、明目的功效，富含多种氨基酸，营养丰富，味道甘美，还有防治麻疹、痢疾等春季常见病的作用。

🥢 用料

| 豆腐块 200 克
| 肉丸 100 克
| 荠菜 500 克
| 水淀粉、精盐各适量

🍲 做法

1. 在肉丸表面切十字，放入净锅内，加适量清水，大火煮开后，转小火煮3分钟，再放入豆腐块煮5分钟。

2. 将洗净的荠菜切段，直接放入锅内，大火煮开2分钟后转小火，倒入适量水淀粉勾芡，出锅前加适量精盐调味即可。

小·白菜鸡蛋 海米汤

好滋味！

🧀 功效

　　这道汤含有丰富的蛋白质，而蛋白质是人体内氨基酸的主要来源。多吃富含蛋白质的食物能为人体活动提供充足的能量。

🍄 用料

| 鸡蛋 2 个
| 小白菜 200 克
| 干海米 15 克
| 鸡精、精盐各适量

🍲 做法

1. 小白菜洗净；干海米用清水浸泡10分钟；鸡蛋磕入碗中搅拌均匀。

2. 锅置火上，加适量清水，大火烧开后放入小白菜和海米，改中火煮5分钟，小白菜煮熟后倒入鸡蛋液，搅拌均匀，加适量鸡精、精盐调味即可出锅。

54

大枣山药老鸭汤

好滋味！

功效

此汤富含蛋白质、脂肪、糖类、维生素C、维生素P以及钙、磷、铁等营养成分，具有养颜、治疗失眠之功效。

用料

| 鸭子 1 只
| 山药 100 克
| 大枣 15 颗
| 姜 1 块
| 精盐适量
| 枸杞子 5 克

做法

1. 姜去皮，切成片；山药去皮，切成滚刀块；鸭子洗净，去内脏后斩成块。

2. 鸭块放入沸水中焯烫，用勺子撇去锅中的血沫，捞出鸭子，沥水后放入盛有清水的锅中，加入大枣、姜片、枸杞子、山药，用小火炖1小时，出锅前加适量精盐调味即可。

苦瓜山药鲫鱼汤

好滋味！

功效

此汤具有健脾益胃、滋肾益精、降糖降脂、延年益寿的功效。

用料

| 鲫鱼 1 条
| 苦瓜 300 克
| 山药 100 克
| 姜片 30 克
| 精盐、植物油各适量

做法

1. 鲫鱼洗净，刮去腹内黑膜；山药去皮，洗净后切成块，浸泡；苦瓜切成片。

2. 锅置火上，倒入植物油，待油烧至七成热时放入鲫鱼，煎至两面微黄后取出。

3. 另起锅，加适量清水大火烧开，放入姜片和所有食材，大火炖20分钟后，转小火炖90分钟，出锅前加适量精盐调味即可。

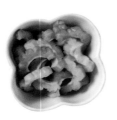

百合绿豆汤

好滋味！

🍃 功效

此汤能清热解毒、消暑利水。夏日喝百合绿豆汤，可降火消暑、清火养颜。

🥄 用料

| 绿豆 100 克
| 百合 20 克
| 薏米 50 克
| 冰糖适量

🍲 做法

1. 绿豆、薏米、百合洗净，用清水浸泡2小时。
2. 锅置火上，所有食材放入锅中，加清水没过食材，大火烧开后转小火煮1小时，加入适量冰糖，化开后搅匀即可。

莲子百合瘦肉汤

好滋味!

功效

此汤具有补脾止泻、养心安神的功效。

用料

| 干莲子 50 克
| 百合 20 克
| 猪瘦肉 100 克
| 姜片 3 克
| 精盐适量

做法

1. 干莲子用热水浸泡30分钟,去心沥干;百合洗净;猪瘦肉切成块,入沸水焯烫后冲洗。

2. 全部食材放入净锅中,放入姜片、清水,大火煮开后转小火炖1小时,出锅前加适量精盐调味即可。

丝瓜番茄鸡蛋汤

好滋味！

功效

此汤具有清凉解毒、利尿活血之功效，还有利于身体排毒。

用料

| 丝瓜 100 克
| 番茄 1 个
| 鸡蛋 2 个
| 鸡精、精盐、香油各适量

做法

1. 丝瓜洗净，削皮，切成滚刀块；番茄洗净，切成块；鸡蛋磕入碗内打散。

2. 锅置火上，加清水，大火煮开后倒入丝瓜和番茄，改中火煮3分钟，均匀地淋上鸡蛋液搅拌均匀，再煮2分钟，出锅前加入适量香油、精盐和鸡精即可。

当归乌鸡汤

好滋味！

功效

　　这道汤具有补血和血、调经止痛、润燥滑肠、抗癌、抗老之功效。

用料

| 乌鸡 1 只
| 当归 15 克
| 党参 10 克
| 枸杞子 5 克
| 桂圆、姜片各 50 克
| 精盐适量

做法

1. 桂圆去表皮；乌鸡去屁股、指甲、内脏，剁成块。

2. 炒锅置火上，倒入清水，乌鸡冷水下锅焯烫5～10分钟，用勺子撇净血沫，捞出鸡块沥水。

3. 另起锅，倒入清水，加入鸡块、姜片、枸杞子、党参、当归、桂圆炖30～40分钟，加入适量精盐调味即可出锅。

沙参玉竹老鸭汤

好滋味！

功效

　　此汤滋补效果佳，具有很高的营养价值。适宜营养不良和病后体虚者食用。

做法

1. 鸭去毛、内脏，洗净，切成块，用水浸泡去掉血水；沙参、玉竹洗净。

2. 锅置火上，加入适量冷水，放入鸭块大火烧开，撇去浮沫，再煮一会儿，撇去表面的油，放入洗净的沙参、玉竹、姜片，再用小火炖90分钟，出锅前加适量精盐和葱花调味即可。

用料

| 鸭 1 只
| 沙参 30 克
| 玉竹 20 克
| 姜片 10 克
| 葱花 5 克
| 精盐适量

胡萝卜玉米大骨汤

好滋味！

🍲 功效

此汤能健脾化滞、补肝明目、清热解毒，对消化不良、腹泻具有辅助治疗作用。

🥄 用料

| 甜玉米 400 克
| 筒骨 500 克
| 胡萝卜 300 克
| 黑木耳 15 克
| 鸡精、精盐各适量

🍲 做法

1. 筒骨洗净，放入沸水中焯5分钟，去浮沫后捞出；甜玉米洗净，切成块；胡萝卜去皮，切成滚刀块；黑木耳用清水泡20分钟后，冲洗干净。

2. 锅中加适量清水，放入筒骨，大火煮开后转小火炖1小时，加入甜玉米、黑木耳、胡萝卜再炖30分钟，出锅前用鸡精、精盐调味即可。

银耳百合莲子汤

好滋味！

功效

此汤的营养成分丰富，具有美容养颜、养心安神、润肺止咳的功效。

用料

| 莲子 50 克
| 百合 20 克
| 银耳 25 克
| 枸杞子、冰糖各 10 克

做法

1. 莲子洗净，用温水浸泡30分钟后捞出；百合用温水泡10分钟；银耳剪去黄色的根部，用温水泡发，撕成小朵；枸杞子泡洗干净。

2. 锅置火上，倒水烧开，放入莲子煮10分钟，放入泡发好的银耳小火煮20分钟，再放入百合煮10分钟，最后放入枸杞子煮5分钟关火，放入冰糖搅匀，静置凉凉即可。

白萝卜牛腩汤

好滋味！

🗒 功效

　　这道汤具有消积导滞、化痰止咳、清热解毒、降脂护胃的功效。

🍄 用料

| 牛腩 500 克
| 白萝卜 250 克
| 黄芪 6 克
| 姜片 3 克
| 精盐适量

🍲 做法

1. 牛腩洗净，入沸水焯后捞出；白萝卜洗净，去皮后切丝；黄芪洗净后切成片。

2. 锅置火上，加适量清水，放入牛腩、姜片、黄芪，大火烧开后转小火炖2小时，放入白萝卜再炖30分钟，出锅前加适量精盐调味即可。

酸萝卜老鸭汤

好滋味！

功效

此汤具有下气、消食、除疾润肺、解毒生津、利尿通便的功效。

用料

| 白条鸭 1 只
| 白萝卜 200 克
| 胡萝卜片、枸杞子、白醋、精盐、植物油各适量
| 姜片 30 克

做法

1. 白萝卜去皮，切成滚刀块，放入容器内，加入精盐、白醋腌10～20分钟；白条鸭剁成块。

2. 炒锅置火上，倒入清水，加入鸭块焯烫5～10分钟，用勺子撇净血沫，捞出沥水。

3. 另起锅，倒入植物油烧热，放入胡萝卜片、腌好的白萝卜、鸭块、清水、精盐、枸杞子、姜片炖30分钟左右即可。

木耳山药猪骨汤

好滋味！

功效

此汤营养丰富，药用价值极高，可益气养阴、补脾肺肾。

用料

| 木耳 15 克
| 山药 200 克
| 排骨 500 克
| 枸杞子 10 克
| 精盐适量

做法

1. 木耳择去根部后洗净，撕成小朵；山药洗净，削皮切段；排骨洗净，放入冷水锅中烧沸，焯5分钟，撇净血沫。

2. 锅置火上，加入适量清水，将排骨放入锅中，大火煮开后放入山药段，转小火炖90分钟，加入木耳、枸杞子，再煮20分钟，出锅前放适量精盐调味即可。

糙米黑豆排骨汤

好滋味！

功效

这道汤富含维生素E，可促进血液循环，还可以防辐射。

用料

| 排骨、糙米各 300 克
| 黑豆 100 克
| 精盐适量

做法

1. 糙米洗净；黑豆提前一晚浸泡；排骨洗净后剁成块，入水焯去血沫。
2. 锅中加适量清水，大火烧开后放入所有食材，煮开后转小火炖90分钟，出锅前加适量精盐调味即可。

羊肉萝卜汤

好滋味！

功效

冬季常食此汤能益气补虚、温中祛寒、丰润肌肤，还能益肾壮阳。最适宜贫血、慢性胃炎及虚寒证患者食用。

用料

| 羊肉 500 克
| 白萝卜 300 克
| 姜片 10 克
| 花椒 3 克
| 料酒、精盐、枸杞子、大枣各适量

做法

1. 羊肉洗净，切成块，入沸水中焯一下，去浮沫后捞出；白萝卜洗净，切成片。

2. 锅置火上，放入羊肉、姜片，倒入适量清水，大火煮沸，改为小火炖2小时，加入枸杞子、大枣、白萝卜、花椒、料酒，待白萝卜煮烂后，放适量精盐即可出锅。

南瓜核桃浓汤

好滋味！

功效

此汤富含蛋白质、钙等营养物质，具有补脑养血、养胃健脾、增强记忆力及补肾壮腰等功效，适合肾虚畏寒、腰膝酸软无力、脑力劳动者食用。常喝此汤可增加机体能量，增强御寒能力。

用料

| 南瓜 300 克
| 核桃 100 克
| 精盐适量

做法

1. 南瓜洗净，去皮，切成块；核桃拍碎取仁，洗净。
2. 锅置火上，倒入适量清水，放上蒸架和盘子，盖锅盖大火煮开，放入南瓜块大火蒸10分钟，取出。
3. 南瓜块倒入净锅中，加入清水，大火煮沸后放入核桃仁和适量精盐即可。

鱼头豆腐汤

好滋味!

🍲 功效

冬日里喝鲤鱼汤，同时以姜片和胡椒粉为调料，温中散寒的功效极佳。

🍲 用料

| 鲤鱼头 1 个
| 豆腐 300 克
| 姜片、葱段各 10 克
| 胡椒粉 2 克
| 料酒、精盐、植物油各适量

🥄 做法

1. 鲤鱼头去鳃、鳞，洗净，拌上料酒、精盐腌10分钟；豆腐用清水浸泡10分钟后沥水，切成 1 厘米见方的块。

2. 锅置火上，放植物油烧至五成热时，倒入姜片、葱段爆香，下鲤鱼头煎至两面呈金黄色，加适量清水小火煮30分钟，放入豆腐再煮10分钟，加适量精盐和胡椒粉即可出锅。

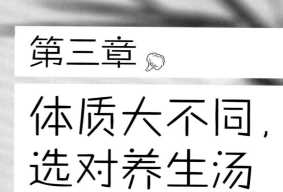

第三章

体质大不同，选对养生汤

番茄牛腩汤

好滋味！

功效

　　这道汤富含维生素A和维生素C等多种营养物质，具有降低胆固醇含量的作用。

用料

| 牛腩 500 克
| 胡萝卜、番茄、土豆各 200 克
| 洋葱 100 克
| 葱段 10 克
| 姜片 30 克
| 八角、桂皮、番茄酱、精盐、鸡精、黑胡椒粉、植物油各适量

做法

1. 牛腩洗净，入水焯烫后沥水；番茄、土豆、胡萝卜、洋葱洗净，切成块。

2. 锅中加适量清水，大火烧开后放入牛腩、葱段、姜片、八角、桂皮、鸡精、黑胡椒粉。

3. 另起锅，倒入植物油，待油烧至五成热时，倒入番茄酱翻炒3分钟，放入番茄块继续翻炒2分钟，将炒好的番茄倒入牛腩汤中煮开，放入土豆、胡萝卜、洋葱，大火烧开后转小火炖50分钟，出锅前加适量精盐调味即可。

橙色罗宋汤

好滋味！

🥘 功效

食材中有牛肉，其味甘性温，是温中补虚、滋养益气、培补脾胃之品，又加了各种蔬菜，营养丰富。经常食用此汤可增强免疫力、补虚强身、健胃消食。

🍲 用料

| 卷心菜 100 克
| 牛肉 120 克
| 胡萝卜、香肠各 80 克
| 土豆、洋葱各 50 克
| 番茄 200 克
| 西芹 180 克
| 番茄沙司、奶油、胡椒粉、面粉、精盐、白糖、植物油各适量

🍲 做法

1. 牛肉洗净，切成块，入水焯烫后沥水；土豆、胡萝卜、番茄去皮，洗净后切块；香肠切成块；卷心菜切成条；洋葱切成丝；西芹切成丁。

2. 锅置火上，锅中加适量清水，放入牛肉，大火煮开后转小火煮，撇去浮沫。

3. 另起锅，倒入植物油和奶油，烧热后放入土豆翻炒1分钟，放入香肠翻炒2分钟，放入其他食材，倒入番茄沙司，翻炒2分钟后倒入牛肉汤中，小火煮2小时。

4. 另起锅，放入面粉干炒至微黄，倒入牛肉汤中搅拌均匀，继续煮20分钟，出锅前加精盐、白糖、胡椒粉调味即可。

田园玉米排骨汤

好滋味！

功效

这道汤营养丰富，具有去火润肺的功效。

用料

| 排骨 200 克

| 莲藕 120 克

| 玉米 100 克

| 南瓜 80 克

| 番茄 110 克

| 香葱末、精盐、枸杞子各适量

| 葱段少许

| 姜片 30 克

| 八角 20 克

做法

1. 南瓜洗净后去皮、瓤，切成小块；莲藕洗净后去皮、头、尾，切成滚刀块；番茄洗净后中间切开去蒂，切成块；玉米洗净后顶刀切成厚片；排骨洗净，剁成块。

2. 炒锅置火上，倒入清水，排骨冷水下锅焯烫5～10分钟，用勺子将血沫撇净，捞出沥水。

3. 另起锅，加入排骨、清水、葱段、姜片、八角煮20分钟后捞出沥水。

4. 另起锅，倒入清水，待水响边时，倒入莲藕、南瓜煮5分钟，加入排骨、精盐炖30分钟，加入玉米煮5分钟，加入番茄煮3分钟，撒上香葱末和枸杞子即可出锅。

木瓜银耳汤

好滋味!

🍖 功效

此汤既有补脾开胃的功效，又有益气清肠、滋阴润肺的作用。

🥣 用料

| 木瓜 300 克
| 银耳 20 克
| 冰糖 10 克

🍲 做法

1. 银耳用温水泡发，去根蒂并洗去杂质，撕成小朵；木瓜去皮、子，切成块。

2. 锅置火上，放入适量清水和泡发的银耳，大火煮开后转小火炖30分钟，出锅前放入切好的木瓜块和冰糖，煮至冰糖化开即可。

芡实南瓜煲

好滋味!

🍲 功效

这道汤具有补脾益肾、涩精等功效。

🥣 用料

| 南瓜 200 克
| 芡实 20 克
| 绿豆、薏米各 15 克
| 葱花、精盐各适量

🍲 做法

1. 芡实洗净，焯烫后洗净；南瓜洗净，去皮，切成块；绿豆、薏米洗净。

2. 锅中加适量清水，放入所有食材，加盖，大火煮20分钟后转小火煮10分钟，出锅前撒上葱花，加适量精盐调味即可。

山药秋葵肉片汤

好滋味！

功效

这道汤具有健脾益胃、滋肾益精的功效。

用料

| 山药、秋葵各 200 克
| 猪肉 100 克
| 干贝 10 克
| 枸杞子 5 克
| 姜末 3 克
| 水淀粉、生抽、精盐各适量

做法

1. 猪肉切薄片，放入碗中，加入姜末、水淀粉、生抽拌匀腌制；山药洗净，去皮，切成斜段；秋葵洗净，切成段；干贝洗净，用清水浸泡。

2. 锅置火上，锅里放适量清水，倒入山药和干贝，大火烧开后转中火煮20分钟，放入肉片、秋葵和枸杞子煮至肉片熟透，出锅前加适量精盐即可。

玉竹百合鸡爪汤

好滋味！

功效

此汤营养丰富，具有滋阴润燥、调和五脏的作用。

用料

| 鸡爪 300 克
| 玉竹、百合各 20 克
| 枸杞子 5 克
| 精盐适量

做法

1. 玉竹、百合洗净，用温水浸泡30分钟；鸡爪洗净，去爪尖，入水焯一下，捞出。

2. 锅置火上，将全部食材放入锅中，加适量清水，大火煮开后转小火炖90分钟，出锅前放入枸杞子和适量精盐即可。

鲜菇三味汤

好滋味！

🍲 功效

　　白玉菇是一种倍受国内外市场青睐的上乘山珍，是食用菌中的"金枝玉叶"。常食此汤有镇痛、镇静、止咳化痰、通便排毒、降压等功效。

🍄 用料

| 蟹味菇、白玉菇各 100 克
| 香菇 50 克
| 枸杞子、香葱末、精盐各适量

🍲 做法

1. 蟹味菇、白玉菇去根，洗净；香菇去根，洗净，切成小丁。

2. 炒锅置火上，倒入清水、枸杞子、蟹味菇、白玉菇、香菇煮10～15分钟，加入香葱末、精盐即可出锅。

草菇鲜虾汤

好滋味！

🎲 功效

　　这道汤有补肾壮阳、通乳抗毒、养血固精、化瘀解毒、益气滋阳、通络止痛、开胃化痰等功效。

🍄 用料

| 鲜虾 120 克
| 草菇 10 克
| 花蛤 100 克
| 鱼丸 50 克
| 上海青 30 克
| 精盐适量

🍲 做法

1. 鲜虾洗净，去虾线；草菇倒入容器中，加入清水泡发；上海青洗净，切成块。

2. 炒锅置火上，倒入清水、花蛤、鲜虾煮5分钟，加入鱼丸、草菇煮5分钟，加入上海青再煮3分钟，加入精盐调味即可出锅。

党参芋头排骨汤

好滋味！

功效

这道汤营养价值很高,具有养胃、润肠通便的功效。

做法

1. 芋头去皮，洗净，切成块；排骨洗净，焯烫后洗净；党参洗净，切成片。

2. 锅置火上，加适量清水，放入除芋头和枸杞子以外的所有食材，大火煮开后转小火炖1小时，放入切好的芋头，盖上锅盖再炖1小时，出锅前加适量精盐和枸杞子即可。

用料

| 党参 20 克
| 芋头 300 克
| 排骨 500 克
| 枸杞子 10 克
| 大枣 5 颗
| 精盐适量

冬瓜蛤蜊汤

好滋味!

功效

冬瓜是理想的减肥蔬菜，还有多种美容保健的功效。加入了蛤蜊的冬瓜汤营养丰富，此汤不仅解渴消暑、利尿，还能消除水肿。

用料

| 冬瓜、蛤蜊各 300 克
| 姜片 10 克
| 精盐适量
| 葱花 15 克

做法

1. 蛤蜊放盐水中，让其吐沙2小时，洗净沥水；冬瓜洗净，切成块。
2. 锅置火上，放适量清水，倒入除葱花外的所有食材，盖上锅盖大火煮开，转中火煮20分钟至蛤蜊壳都张开，出锅前放适量精盐，撒上葱花即可。

102

萝卜丝牡蛎汤

好滋味!

功效

牡蛎味甘、咸，性平，能滋阴益血、养心安神。常饮此汤既可滋容养颜，又可强肝解毒。

用料

| 鲜牡蛎肉200克
| 白萝卜 150克
| 姜丝、葱花、芝麻油、精盐各适量

做法

1. 鲜牡蛎肉洗净，沥水；白萝卜洗净，切成丝。

2. 锅置火上，倒入适量清水，放入牡蛎和萝卜丝，大火烧开后转小火煮20分钟，牡蛎肉熟透后撒上姜丝和葱花，加适量芝麻油和精盐即可出锅。

茯苓薏米红豆汤

好滋味！

🍥 功效

经常食用薏米可以保持皮肤细腻、亮白有光泽。常饮此汤有利水消肿、健脾祛湿、清热排毒等功效。

🥗 用料

| 茯苓粉 30 克
| 薏米、红豆各 50 克
| 冰糖适量

🍲 做法

1. 红豆、薏米洗净，提前一晚浸泡。
2. 红豆、薏米放入砂锅中，放适量清水小火焖煮2小时，放入茯苓粉再煮10分钟，出锅前加适量冰糖即可。

冬瓜莲子老鸭汤

好滋味！

🧀 功效

冬瓜味甘、性寒，有消热、利水、消肿的功效。常饮此汤对肝硬化腹水、高血压、肾炎、等疾病有良好的辅助治疗作用。

🍄 用料

| 鸭子 1 只
| 冬瓜 200 克
| 莲子 50 克
| 胡萝卜块 100 克
| 姜 1 块
| 枸杞子 15 克
| 葱花、精盐各适量

🍲 做法

1. 冬瓜去皮、瓤，切成滚刀块；莲子去莲心，放入大碗中，加入清水泡软；姜去皮，切成片。
2. 鸭肉洗净后剁成块，放入沸水锅中焯烫，锅中的血沫用勺子撇净，捞出鸭肉块，放在另一口盛有清水的锅中，放入姜片、冬瓜、胡萝卜块、莲子、精盐炖40分钟，临出锅时放入枸杞子和葱花即可。

107

冬瓜莲子绿豆汤

好滋味！

功效

这道汤能为人体补充多种营养成分，还可以调节神经，缓解情绪。

用料

| 绿豆 200 克
| 冬瓜 100 克
| 莲子 20 克
| 枸杞子 10 克
| 冰糖适量

做法

1. 绿豆放入容器内，倒入清水泡发；莲子放入容器内，倒入清水泡发；冬瓜去皮、瓤，切小方块。

2. 炒锅置火上，倒入清水，加入绿豆熬至绿豆开花（也就是绿豆崩开），加入莲子、枸杞子、冬瓜、冰糖，煮10分钟即可出锅。

田七党参瘦肉汤

好滋味！

功效

这道汤具有补中益气、健脾益肺、增强体质的功效。

用料

| 猪瘦肉 300 克
| 田七粉 15 克
| 大枣 6 颗
| 党参 30 克
| 精盐适量

做法

1. 党参洗净，切成片；猪瘦肉洗净，切成片。

2. 锅置火上，肉片、党参、大枣放入锅中，倒入适量清水，大火烧开后转小火煮20分钟，倒入田七粉再煮3分钟，出锅前加适量精盐即可。

醪糟红糖鸡蛋汤

好滋味！

功效

　　醪糟即酒酿，酒精含量低，可为人体提供高热量，且营养成分更易于人体吸收。此汤具有促进食欲、活血暖胃等功效，是中老年人、孕产妇和身体虚弱者补气养血的佳品，特别适合坐月子的产妇和大病初愈者食用。

用料

| 醪糟 450 克
| 鸡蛋 3 个
| 水淀粉、红糖各适量

做法

锅置火上，加适量清水，大火烧开后放入醪糟，待水再次烧开后加入打散的鸡蛋搅拌松散，加入水淀粉使汤黏稠，出锅前加红糖调味即可。

姜枣炖鸡汤

好滋味！

功效

鸡汤营养价值高，是许多人补养身体的首选，能提高人体免疫力。

用料

| 鸡肉块 1000 克
| 黄芪 6 克
| 田七粉 10 克
| 大枣 10 颗
| 姜片 30 克
| 精盐、枸杞子各适量

做法

1. 鸡肉块浸泡30分钟，焯烫后冲洗；大枣洗净，去核。

2. 锅置火上，加适量清水，放入鸡肉块、姜片、黄芪、大枣，大火烧开后转小火炖1小时，倒入田七粉再煮3分钟，出锅前加适量精盐和枸杞子即可。

陈皮萝卜肉丸汤

好滋味！

功效

　　这道汤具有健脾开胃的功效，适用于脾胃虚弱、消化不良等症。

用料

| 陈皮 20 克
| 白萝卜 200 克
| 猪肉丸 100 克
| 花椒、姜片、葱花各 5 克
| 精盐适量

做法

1. 在猪肉丸表面切十字，放入净锅内，加4～5碗水，大火煮开后转小火煮3分钟。

2. 锅置火上，加适量清水，放入花椒煮开，下肉丸、白萝卜、姜片大火煮开，撇去表面浮沫，加陈皮转小火煮20分钟至熟，加入适量精盐和葱花即可。

茴香鲫鱼汤

好滋味！

🍲 功效

　　茴香的主要成分是茴香油。茴香油能刺激胃肠神经血管，促进消化液分泌，促进胃肠蠕动。常饮此汤有祛寒止痛、行气健胃的功效，有助于缓解痉挛、理气散寒、增加食欲。

🥄 用料

| 鲫鱼 1 条
| 小茴香、葱段、姜片各 10 克
| 料酒、精盐、植物油各适量

🍲 做法

1. 鲫鱼洗净，去鳃和腹内杂物。
2. 锅置火上，倒入植物油烧至六成热时，放入小茴香、姜片、葱段爆香，再放入鲫鱼、料酒煎至两面金黄，加入没过鱼身 2～3厘米的开水，大火煮15分钟，出锅前加适量精盐调味即可。

胡萝卜土豆汤

好滋味！

功效

这道汤有很高的营养价值。常饮此汤有助于预防心脏疾病和肿瘤。

用料

| 土豆 300 克
| 胡萝卜 200 克
| 芹菜 100 克
| 精盐、高汤各适量

做法

1. 土豆洗净，去皮，切成块；胡萝卜洗净，去皮，切成菱形片；芹菜洗净，切成小段。
2. 锅置火上，倒入高汤，放入土豆、胡萝卜、芹菜，大火烧开后转小火煮20分钟，出锅前撒上适量精盐即可。

辛夷鸡蛋汤

好滋味!

功效

这道汤具有抗过敏的作用。适用于风寒性、慢性鼻炎或过敏性鼻炎等症。

用料

| 辛夷 10 克
| 鸡蛋 1 个
| 冰糖适量

做法

1. 辛夷用清水浸泡5分钟，滤去杂质；鸡蛋煮熟，剥壳。

2. 锅置火上，倒入适量清水大火煮沸，放入辛夷和鸡蛋转小火煮10分钟，出锅前加少量冰糖搅拌均匀即可。

木瓜苹果汤

好滋味！

🥟 功效

此汤含有丰富的维生素，且能生津止渴、和胃利湿。

🍵 用料

| 木瓜 300 克
| 苹果 500 克
| 精盐适量

🍲 做法

1. 木瓜洗净、对切，去子、皮，切成块；苹果去皮、核，切成小块。

2. 锅置火上，放适量清水大火烧开，倒入木瓜、苹果，煮开后转中火煮15分钟，出锅前加适量精盐即可。

大枣香菇乌鸡汤

好滋味!

功效

乌鸡为滋补强壮之品。常饮此汤具有养阴退热、补益肝肾、健脾益胃的作用。

用料

| 乌鸡 1 只
| 香菇 60 克
| 大枣 5 颗
| 枸杞子 10 克
| 葱段 6 克
| 姜片 50 克
| 精盐、植物油各适量

做法

1. 乌鸡洗净,剁成块;香菇洗净,用清水浸泡30分钟。

2. 锅置火上,倒入植物油烧至五成热,放入葱段和姜片爆香,倒适量清水、鸡块、香菇和大枣,大火煮开后转小火炖2小时,加入枸杞子再煮5分钟,撒适量精盐即可出锅。

第四章

未病也需靓汤养

海带玉米排骨汤

好滋味!

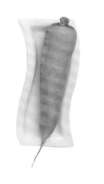

🥢 功效

　　海带热量低且充满胶质、矿物质。海带中还富含可溶性纤维，比一般纤维更容易消化吸收。常饮此汤可帮助身体顺畅排便。

🧅 用料

| 排骨 500 克

| 玉米 100 克

| 胡萝卜 120 克

| 海带 80 克

| 苦瓜 90 克

| 黄豆芽 50 克

| 枸杞子 10 克

| 八角 30 克

| 葱段、姜片、精盐各适量

🍲 做法

1. 海带洗净，切成长条，打成结；苦瓜洗净，去蒂、瓤，切成片；玉米切成段；胡萝卜去皮，切成片；排骨剁成段，放入沸水中焯烫，用勺子除净血沫，捞出排骨，沥水。

2. 另起锅，倒入清水，将排骨、葱段、姜片、八角放入锅中炖1小时捞出，保留汤汁。

3. 另起锅，将炖好的排骨放入锅中，加入海带、玉米、炖排骨的原汤炖50分钟，放入苦瓜、枸杞子、胡萝卜、黄豆芽煮15分钟，加入精盐调味即可。

牛奶蛋花汤

好滋味！

🍲 功效

　　牛奶不仅能补充钙和蛋白质，还具有美白养颜的功效。常喝牛奶可以保持精力充沛、缓解精神压力。

🍵 用料

| 鸡蛋 2 个
| 牛奶 300 克
| 蜂蜜适量

🍲 做法

1. 鸡蛋磕入碗中打散。

2. 锅置火上，牛奶倒入锅中，中火加热至牛奶将要沸腾时转至小火，鸡蛋液倒入锅中搅匀，出锅前加适量蜂蜜搅拌均匀即可。

上汤苦瓜豆芽汤

好滋味！

功效

　　苦瓜性寒味苦，入心经、肺经、胃经。常饮此汤具有清暑解渴、健脾开胃、降低血脂、养颜美容、促进新陈代谢等功效。

做法

1. 苦瓜洗净，去瓤，切成薄片；黄豆芽洗净，沥水；猪瘦肉洗净，切成片。
2. 锅置火上，倒入植物油烧至五成热，放入葱段和蒜末爆炒出香味后，再倒入猪瘦肉煸炒至变色，倒入猪大骨汤大火烧开，放入黄豆芽转中火煮至汤再次烧开，倒入苦瓜煮10分钟，出锅前加枸杞子、适量精盐调味即可。

用料

| 苦瓜、黄豆芽各 200 克
| 猪瘦肉 50 克
| 葱段 10 克
| 猪大骨汤 500 克
| 蒜末 3 克
| 精盐、植物油各适量
| 枸杞子 5 克

西洋参水鸭汤

好滋味！

🍲 功效

　　这道汤具有滋阴补气、生津止渴、除烦躁、清虚火、扶正气的功效，很适合清补，多用于肺热燥咳、四肢倦怠、热病后伤阴、津液亏损等症。

🥣 用料

| 水鸭块 500 克
| 西洋参片 10 克
| 大枣 10 颗
| 虫草花 20 克
| 姜片 5 克
| 料酒、精盐各适量

🍳 做法

1. 水鸭块洗净；虫草花洗净，泡发好（泡虫草花的水保留）；大枣洗净。

2. 锅置火上，倒入清水，烧开后放入姜片、料酒、水鸭块，焯烫至水再次沸腾捞出冲净浮沫，沥水，将西洋参片、水鸭块、虫草花、大枣、姜片放入汤煲里，倒入泡虫草花的水，再加入适量的清水盖上锅盖，中火烧开后调小火煲90分钟，出锅前加适量精盐调味即可。

松子豆腐汤

功效

　　松子含有丰富的维生素E，这是一种很强的抗氧化剂。松子既是重要的中药，久食健身心、滋润皮肤、延年益寿，也是美味的干果，有很高的食疗价值。此汤是滋补强壮、健脑益智、延缓衰老的佳品。

用料

| 豆腐 400 克
| 松子 50 克
| 精盐适量

做法

1. 豆腐洗净，切成小块；松子洗净，沥水。
2. 锅置火上，放入清水烧开，将切好的豆腐块放入锅中，大火烧开后转小火，倒入松子，出锅前加适量精盐调味即可。

鲜虾萝卜汤

好滋味！

🐟 功效

此汤具有消食顺气、化痰清热、解毒润肺的功效。

🍲 做法

1. 鲜虾洗净；白萝卜去皮，切成丝；香菜切成段；大蒜切成片。
2. 锅置火上，倒入4～5碗水，加姜片煮开后放入虾和料酒，小火煮5分钟后捞出虾，撇去浮沫。
3. 另起锅，倒入植物油，待油烧至五成热时，将白萝卜丝放入油锅中翻炒2分钟后盛出，移至虾汤中小火煮10分钟。
4. 另起锅，倒入植物油，待油烧至五成热时，将葱白、剩余姜片、蒜片炒香，加入虾、少许精盐和生抽翻炒至虾变色，全部移到汤锅内煮2分钟，出锅前用适量精盐、香菜段调味即可。

🦐 用料

| 鲜虾 2 只
| 白萝卜 300 克
| 料酒、生抽、精盐、香菜、植物油各适量
| 葱白、大蒜、姜片各 30 克

香菇黄花菜排骨汤

好滋味！

功效

这道汤有健脑抗衰、健胃消食、清热利湿、明目安神的功效，还能清除动脉内的沉积物，对失眠、注意力不集中、记忆力减退、脑动脉栓塞等症状有较好疗效。

用料

| 排骨 500 克
| 香菇 50 克
| 黄花菜 100 克
| 葱段 10 克
| 料酒、精盐、木耳各适量
| 枸杞子 5 克

做法

1. 排骨洗净，斩成块；香菇、黄花菜洗净，清水浸泡30分钟；木耳泡发后捞出，沥水。

2. 排骨入沸水中焯一下，加适量料酒去腥，去浮沫后捞出。

3. 锅置火上，加适量清水烧开，放入所有食材，大火煮开后转小火炖2小时，出锅前加适量料酒、精盐调味即可。

当归生姜羊肉汤

好滋味!

🥘 功效

　　姜可解表散寒、温中止呕,能助当归温中之功用。常饮此汤能加强血液循环、刺激胃液分泌、促进消化。

🍄 用料

| 羊肉 500 克
| 当归 30 克
| 大枣 10 颗
| 枸杞子 10 克
| 姜 1 块
| 料酒、精盐各适量

🍲 做法

1. 羊肉洗净,切成块;当归洗净,切5厘米长的段;姜切厚片;大枣、枸杞子洗净后清水浸泡10分钟。

2. 羊肉放入水中焯烫,加适量料酒去膻味,去浮沫后捞出。

3. 锅置火上,加适量清水,放入所有食材,大火烧开后转小火炖2小时,出锅前加适量料酒和精盐调味即可。

猪蹄筋 田七汤

好滋味！

🍲 功效

田七又称三七，活血止痛的作用强。此汤具有散瘀止血、消肿定痛的功效。

🥘 用料

| 猪蹄筋 300 克
| 花生、黄豆各 50 克
| 枸杞子 10 克
| 田七粉 15 克
| 料酒、精盐各适量

🍲 做法

1. 猪蹄筋洗净，用清水浸泡30分钟；花生、黄豆洗净。

2. 锅置火上，倒入适量清水，放入猪蹄筋、花生、黄豆，大火烧开后转小火炖2小时，加入枸杞子、田七粉再煮10分钟，出锅前加适量料酒和精盐调味即可。

党参黄芪乌鸡汤

好滋味！

🥢 功效

　　乌鸡入肝经、肾经。此汤具有养阴退热、补益肝肾、健脾益胃的作用。

🍄 用料

| 乌鸡半只
| 黄芪 6 克
| 大枣 6 颗
| 党参 20 克
| 葱白 15 克
| 姜片 5 克
| 精盐适量

🍲 做法

1. 乌鸡洗净，切成块，焯烫后冲洗；黄芪洗净；党参洗净，切成片；大枣去核，洗净。
2. 砂锅置火上，加适量清水，放入葱白、姜片和其他食材大火煮开，撇去浮沫后转小火炖1小时直至汤汁变奶白色，出锅前加适量精盐调味即可。

海三鲜青蔬汤

好滋味！

🦪 功效

　　扇贝富含蛋白质、B族维生素、镁和钾，热量低且不含饱和脂肪。常饮此汤有助于预防心脏病。

🍄 用料

| 西蓝花、海参、虾仁各 100 克
| 扇贝 1 个
| 水芹 30 克
| 香菇 10 克
| 红豆 20 克
| 鱼肚 25 克
| 大蒜 50 克
| 精盐、植物油、木耳、胡萝卜片各适量

🍲 做法

1. 扇贝片开，剔除扇贝肉，处理干净，片成片；西蓝花洗净，掰成小朵西蓝花；大蒜去头和尾；水芹切小段；香菇放入容器内，倒入清水泡发；红豆放入容器内，倒入清水，需提前泡12小时以上；木耳泡好后捞出，切成小粒。

2. 炒锅置火上，倒入植物油，待油烧至七成热时，下入鱼肚炸制，捞出沥油，再将大蒜放入锅内，炸至金黄后捞出。

3. 另起锅，倒入清水、红豆煮20分钟，加入虾仁、鱼肚、大蒜、扇贝、香菇煮10分钟，放入木耳、胡萝卜片、西蓝花、水芹、精盐、海参煮3分钟即可。

莲子干贝瘦肉汤

好滋味！

功效

干贝能滋阴、补肾、益精、调中。莲子的矿物质含量非常丰富。此汤具有补脾止泻、养心安神的功效。

用料

| 猪瘦肉 300 克
| 莲子 50 克
| 干贝、百合各 20 克
| 枸杞子 10 克
| 精盐适量

做法

1. 猪瘦肉洗净，切成块；莲子、百合洗净，用清水浸泡30分钟；干贝洗净，用清水泡开，撕碎。

2. 锅置火上，倒入适量清水，所有食材放入锅中，大火煮开后转小火炖90分钟，出锅前加适量精盐调味即可。

何首乌羊肉汤

好滋味！

功效

　　这道汤具有养血益肝、强健筋骨、填精益肾等作用，还能防治脱发和白发。

用料

| 羊肉 300 克
| 姜片、何首乌各 10 克
| 黑豆 100 克
| 大枣 8 颗
| 精盐适量

做法

1. 羊肉洗净，切成块，放入沸水中焯一下，去浮沫后捞出；提前一晚浸泡黑豆；何首乌、大枣分别洗净。

2. 锅置火上，放适量清水，倒入所有食材，大火煮沸后转至中小火再炖90分钟，出锅前加适量精盐调味即可。

山药黑豆排骨汤

好滋味！

功效

黑豆色黑入肾，可养阴补气、滋肾明目，因此民间有"黑豆乃肾之谷"一说。此汤可以滋肾养阴、补益肾气。

用料

| 排骨 300 克
| 山药 200 克
| 黑豆 100 克
| 姜片、枸杞子各 10 克
| 料酒、精盐各适量

做法

1. 排骨洗净，斩成块；山药去皮，洗净，切成块；黑豆洗净，提前一晚浸泡。

2. 将排骨放入沸水中焯一下，加适量料酒去腥，去浮沫后捞出。

3. 锅置火上，加适量清水，大火烧开后放入所有食材，煮开后转小火炖90分钟，出锅前加适量料酒和精盐调味即可。

南瓜鲜蔬浓汤

好滋味！

🥄 功效

　　这道汤不仅有多种新鲜时蔬提供充足的营养物质，同时加入了滋补美味的高汤。在情绪低沉时，来一碗色彩鲜艳的南瓜鲜蔬汤，既能在精神上振奋心情，又能在物质上提供能量，保持机体活力。

🍲 做法

1. 南瓜洗净，去皮，切成块；西芹、胡萝卜、番茄切成块。

2. 锅置火上，倒入适量清水，放上蒸架和盘子，盖上锅盖，大火煮开后放入南瓜块，再用大火蒸10分钟，南瓜蒸熟后，和其余蔬菜一同放入搅拌机中，做成蔬菜汁。

3. 锅置火上，倒入高汤和蔬菜汁搅拌均匀，大火烧开后转小火再煮10分钟，出锅前加适量胡椒粉和精盐调味即可。

🍽 用料

| 胡萝卜 200 克

| 番茄 1 个

| 西芹 50 克

| 南瓜 300 克

| 高汤 500 克

| 胡椒粉、精盐各适量

香菇鳕鱼豆芽汤

好滋味!

🍲 功效

这道汤除了富含DHA、DPA外，还含有人体必需的多种维生素，具有一定的保健作用。

🥄 用料

| 鳕鱼 1 条
| 豆芽 100 克
| 香菇 15 克
| 枸杞子 10 克
| 姜片 3 克
| 料酒、精盐、鸡精、胡椒粉、香油、植物油、干辣椒各适量

🍳 做法

1. 鳕鱼洗净，切成块；豆芽洗净，沥水；枸杞子、香菇洗净，清水泡发 20 分钟。

2. 锅置火上，倒入植物油，待油烧至八成热时，下入鳕鱼煎至两面微黄，放入姜片、料酒、清水大火烧开，撇去浮沫，倒入枸杞子、香菇转小火炖40分钟，放入豆芽再煮10分钟，加入精盐、鸡精、干辣椒、胡椒粉调味，出锅时淋上香油即可。

第五章

常见病食疗，
靓汤有疗效

蚌肉苦瓜汤

好滋味！

🍲 功效

　　常饮此汤具有清暑解渴、降低血糖、清热、除烦、止渴的功效。

🍤 用料

| 河蚌、苦瓜各 300 克
| 姜丝 10 克
| 枸杞子 5 克
| 精盐适量

🍲 做法

1. 河蚌放入盐水，让其吐沙2小时，洗净后取出蚌肉；苦瓜洗净，去瓤，切成片。
2. 锅置火上，放适量清水，倒入苦瓜和姜丝，大火煮开后转小火，煮至苦瓜变软后放入蚌肉再煮10分钟，出锅前加适量精盐、枸杞子调味即可。

玉米排骨汤

好滋味！

🍲 功效

　　这道汤具有消炎利尿、降脂降压等功效。海带中的褐藻氨基酸具有降压作用。

🍄 用料

| 排骨 300 克
| 玉米 100 克
| 海带 50 克
| 鸡精、精盐各适量

🍲 做法

1. 排骨洗净，切成块，放入沸水中焯一下，去浮沫后捞出；玉米洗净，切成段；海带洗净，用清水浸泡20分钟。

2. 锅置火上，加适量清水，放入排骨和玉米，大火烧开后转小火炖30分钟，加入海带，再炖1小时，出锅前加适量鸡精和精盐调味即可。

秋葵鲫鱼汤

好滋味！

🫕 功效

鲫鱼有健脾利湿、利尿消肿、清热解毒的功效，还有降低胆固醇、降血脂、治疗口疮等作用。

🍜 用料

| 鲫鱼 1 条
| 秋葵 200 克
| 姜片 10 克
| 精盐、植物油各适量

🍲 做法

1. 鲫鱼洗净，去鱼鳃和鱼腹内杂物；秋葵洗净，切成段。
2. 锅置火上，倒植物油烧热，放入姜片稍炸，再放入鲫鱼煎至两面金黄，加入没过鱼身2～3厘米的开水大火煮15分钟后，转中火煮10分钟，加入秋葵继续煮10分钟，出锅前加适量精盐调味即可。

鸡蛋紫菜苘蒿汤

好滋味！

功效

苘蒿具有消食开胃、清心安神、益智健脑等功效。常饮此汤可利小便、降血压。

用料

| 紫菜 200 克
| 鸡蛋 3 个
| 苘蒿 300 克
| 葱花 5 克
| 香油、精盐各适量

做法

1. 紫菜撕成小片，用清水浸泡10分钟，沉淀杂质后洗净，沥水；苘蒿洗净，切成段；鸡蛋磕入碗中打散。

2. 锅置火上，加适量清水、紫菜，大火烧开后转中火，放入苘蒿再煮2分钟，倒入鸡蛋液搅拌均匀煮2分钟，出锅前滴入适量香油，撒上葱花和精盐调味即可。

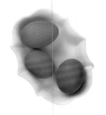

黄瓜木耳汤

好滋味！

功效

黄瓜具有清热除烦、利尿排毒的功效。常饮此汤可降低胆固醇、血脂。

用料

| 黄瓜 300 克
| 木耳 20 克
| 香油、精盐、植物油各适量

做法

1. 黄瓜洗净，切厚块；木耳用清水泡发30分钟，去蒂根，洗净，撕成瓣。
2. 锅置火上，倒入植物油烧至七成热，放入木耳爆炒至六分熟，倒入适量清水大火烧开，加入黄瓜转小火再煮10分钟，出锅前加适量香油和精盐调味即可。

生姜红糖番薯汤

好滋味！

🥟 功效

番薯归脾经、肾经。常饮此汤能补脾益气、宽肠通便。

🥄 用料

| 番薯 250 克
| 姜 1 块
| 红糖适量

🍲 做法

1. 番薯洗净，去皮，切成小方块；姜洗净，切薄片。
2. 锅置火上，加适量清水，放入番薯，大火烧开后转小火炖40分钟，倒入姜片和适量红糖再煮5分钟即可。

紫菜燕麦鲜鱿汤

好滋味！

🍲 功效

　　鱿鱼除富含蛋白质和人体所需的氨基酸外，还含有大量的牛磺酸，可抑制血小板聚集，从而降低胆固醇、降血脂、降血压。常饮此汤可缓解疲劳、保护视力、改善肝脏功能。

🍳 做法

1. 鱿鱼清洗干净，打花刀，切成菱形块；燕麦洗净，提前浸泡3小时；紫菜撕成片，用清水泡开，待杂质沉淀后洗净，沥水。

2. 锅置火上，加适量清水、鱿鱼、燕麦，大火烧开后转小火煮5分钟，放入紫菜再煮5分钟，撒上葱花，加适量胡椒粉和精盐调味即可。

🍽 用料

| 鱿鱼 1 只
| 紫菜 20 克
| 燕麦 30 克
| 葱花 5 克
| 胡椒粉、精盐各适量

三文鱼洋葱汤

好滋味！

功效

三文鱼含有丰富的不饱和脂肪酸。人体保持正常含量的不饱和脂肪酸可以提高脑细胞的活性和提升高密度脂蛋白，从而降低血脂和血液胆固醇。常饮此汤可保护肝脏，防治心血管疾病。

用料

| 三文鱼 500 克
| 洋葱 250 克
| 姜片 10 克
| 精盐、橄榄油各适量

做法

1. 三文鱼洗净，沥水，切成块；洋葱洗净。
2. 锅置火上，倒入橄榄油烧至五成热，放入姜片爆香，三文鱼块煎至两面微黄后加适量清水，大火烧开后转小火煮40分钟，放入洋葱再煮10分钟，出锅前加适量精盐调味即可。

板栗猪骨鸡爪汤

好滋味!

🥘 功效

　　这道汤具有益气健脾、厚补胃肠的作用。常饮此汤可预防骨质疏松。

🍲 做法

1. 鸡爪洗净，剁去爪尖，焯烫后沥水；板栗剥皮；猪脊骨洗净，入沸水焯5分钟，去血沫后捞出。

2. 锅置火上，倒适量清水，放入猪脊骨，大火煮沸后改小火，加入鸡爪、枸杞子、大枣炖90分钟，放入板栗、葱段、姜片再煮30分钟，出锅前加适量料酒和精盐调味即可。

🍄 用料

| 猪脊骨 500 克

| 鸡爪、板栗各 200 克

| 葱段、枸杞子各 10 克

| 大枣 6 颗

| 姜片 5 克

| 料酒、精盐各适量

番茄土豆牛肉汤

好滋味！

功效

番茄中含有丰富的抗氧化剂，可以防止自由基对皮肤的破坏，具有美容抗皱的效果。常饮此汤可消食解腻、调节身体酸碱平衡和提升代谢水平。

用料

| 牛肉 150 克
| 番茄、土豆各 200 克
| 姜片 3 克
| 精盐、白糖、玉米淀粉、植物油各适量

做法

1. 牛肉洗净，切成块，加入精盐和玉米淀粉拌匀；土豆、番茄洗净，切块。

2. 锅置火上，倒入植物油烧至六成热，放入番茄块爆炒，加适量白糖炒至出水，放入牛肉块、土豆块继续翻炒，加适量沸水小火煮30分钟，出锅前加精盐调味即可。

菠菜猪肝汤

功效

猪肝味甘、苦，性温，入肝经。常饮此汤能滋阴养血、补肝明目。

用料

| 鲜猪肝 300 克
| 菠菜 200 克
| 葱花 5 克
| 水淀粉、料酒、胡椒粉、精盐各适量

做法

1. 菠菜去根、须和黄叶，洗净；猪肝洗净，切成片，加水淀粉、料酒搅拌均匀。
2. 菠菜放入沸水焯烫3分钟，捞出后沥水。
3. 锅置火上，加入适量清水，放入菠菜，大火烧开后放入猪肝片，煮至完全变色熟透，撒上葱花、胡椒粉和适量精盐调味即可。

当归鹌鹑蛋大枣汤

好滋味！

🥘 功效

　　常饮此汤可补血和血、益气固表、健脾益肺、增强体质。

🍲 用料

| 鹌鹑蛋 50 克
| 猪瘦肉 100 克
| 大枣 6 颗
| 当归 10 克
| 党参 12 克
| 黄芪 6 克
| 枸杞子 5 克
| 姜片 4 克
| 料酒、精盐各适量

🍲 做法

1. 鹌鹑蛋煮熟，剥壳；大枣、当归、黄芪、党参、枸杞子洗净，当归、黄芪、党参切3厘米长的段；猪瘦肉洗净，切小块。

2. 锅置火上，加适量清水、所有食材，大火烧开后转小火炖2小时，出锅前加适量料酒和精盐调味即可。

花菇猪蹄汤

好滋味！

功效

花菇是菌中之星，含有丰富的蛋白质、氨基酸、脂肪、钙、磷、铁等。这道汤营养丰富，保健作用好，适合大多数人群食用。

用料

| 猪蹄 300 克
| 花菇 30 克
| 八角、枸杞子各 5 克
| 大枣、葱花、葱段、姜片、精盐各适量
| 料酒 3 克
| 生抽 2 克

做法

1. 洗净的花菇放在清水中浸泡；猪蹄洗净，去毛后劈开，剁成小块放入沸水中焯烫，用勺子将血沫撇净，再把猪蹄捞出；大枣洗净后去核。

2. 高压锅置火上，倒入清水，放入葱段、姜片、八角、料酒、生抽、猪蹄炖30分钟，捞出猪蹄。

3. 另起锅，倒入清水，将大枣、花菇、炖过的猪蹄放入锅中继续炖30分钟，放入葱花、枸杞子、适量精盐调味即可。

大枣桂圆姜汤

好滋味！

功效

桂圆入脾经、肾经，是常用的补血益心之佳品、益脾长智之要药。常饮此汤补气又补血。

用料

| 桂圆 50 克
| 姜 1 块
| 大枣 8 颗
| 红糖适量

做法

1. 桂圆剥壳，洗净；姜洗净，切成厚片；大枣洗净后去核。

2. 锅置火上，加适量清水，放入桂圆、大枣大火烧开，放入姜片转小火煮20分钟，出锅前加适量红糖调味即可。

大白菜香菇粉丝汤

好滋味！

功效

这道汤营养丰富，味道鲜美。常饮此汤具有清热降烦、通利肠胃的功效。

用料

| 香菇 80 克
| 大白菜 300 克
| 胡萝卜 100 克
| 粉丝 50 克
| 香油、精盐、植物油各适量

做法

1. 大白菜洗净，菜帮斜切成坡刀片，叶子撕成小片；香菇洗净；胡萝卜洗净，去皮后切成丝。

2. 锅置火上，倒入植物油烧至七成热，倒入大白菜、香菇和胡萝卜翻炒片刻，加适量清水，大火烧开后转小火煮10分钟，放入粉丝再煮5分钟，出锅前加适量香油和精盐调味即可。

木耳苹果煲瘦肉汤

好滋味！

功效

　　苹果有"智慧果""记忆果"的美称，含有多种维生素、脂质、矿物质等大脑必需的营养成分。常饮此汤不仅可以调节肠胃功能、促进肠胃蠕动，还能降低胆固醇含量、抗癌防癌、调节人体酸碱平衡、改善人体内环境。

用料

| 猪瘦肉、苹果各 100 克

| 木耳 20 克

| 大枣 3 颗

| 姜片 5 克

| 精盐适量

做法

1. 苹果洗净，去皮、核，切成块；猪瘦肉洗净，切成块；木耳用温水泡软，择去根部后洗净，撕成小朵；大枣洗净后去核。

2. 锅置火上，加适量清水，放入所有食材，大火烧开后转小火炖90分钟，出锅前加适量精盐调味即可。

绿豆莲子汤

好滋味!

功效

　　绿豆是解暑、解毒常用的食材，入心经、胃经。常饮此汤能清热解毒、消暑利水。

用料

| 绿豆200克
| 莲子100克
| 薏米50克
| 冰糖适量

做法

1. 绿豆、莲子、薏米洗净，用清水浸泡2小时。

2. 锅置火上，倒入适量清水，放入所有食材，大火烧开后转小火焖煮20分钟，出锅前加适量冰糖搅拌均匀即可。

苦瓜肉片汤

🍲 功效

　　常饮此汤能泄去心中烦热，排除体内毒素，使皮肤变得细嫩健美。

🍄 用料

| 猪里脊肉 200 克
| 苦瓜 100 克
| 红椒片 80 克
| 精盐适量

🍲 做法

1. 猪里脊肉切成肉片；洗净的苦瓜去蒂、瓤，切成片。
2. 肉片放入沸水中焯烫，待肉片变色后捞出。
3. 锅置火上，加入清水、苦瓜片、肉片、精盐，待水煮沸时放入红椒片即可。

金银花绿豆汤

好滋味!

功效

　　金银花能清热解毒、凉血散热。此汤适用于风热感冒、温病发热、咽喉肿痛等症。

用料

| 绿豆 100 克
| 金银花 20 克
| 冰糖适量

做法

1. 金银花洗净；绿豆洗净，用清水浸泡2小时。

2. 锅置火上，放适量清水，加入金银花，大火烧开后转小火煮10分钟，然后去渣，放入泡软的绿豆小火焖煮20分钟，出锅前加适量冰糖即可。

罗汉果杏仁猪肺汤

好滋味!

🍲 功效

此汤有补肺润燥的作用,适用于咯血等症。

🥄 用料

| 猪肺 200 克

| 罗汉果 20 克

| 杏仁 15 克

| 百合 10 克

| 精盐、葱花各适量

🍲 做法

1. 猪肺里面的血用清水冲洗干净,切成片;罗汉果、杏仁和百合洗净。

2. 锅置火上,锅内加水,罗汉果敲碎,和杏仁、百合、猪肺一起倒入锅内,开大火煮开后转小火煲1小时,出锅前加入适量精盐和葱花再煮3分钟即可。

荸荠芦根甘蔗汤

好滋味！

功效

这道汤既有清热解毒，又有凉血生津的功效，常应用于肺热咳嗽等症。

用料

| 荸荠、芦根、胡萝卜各 300 克
| 枸杞子、芹菜段各 10 克

做法

1. 荸荠洗净，去皮，对半切；芦根洗净；胡萝卜洗净，去皮，切成小段。
2. 锅置火上，放适量清水、所有食材，大火煮开后转小火煮30分钟，出锅凉凉即可。

南北杏川贝雪梨汤

好滋味！

功效

此汤具有润肺、清燥、养阴的作用。常食有清心润肺、生津解渴、清热解毒的功效。

用料

| 雪梨 30 克
| 川贝 5 克
| 南杏、北杏各 8 克
| 冰糖适量

做法

1. 雪梨洗净，去核，切成块。
2. 锅置火上，加适量清水、所有食材，小火炖2小时后即可出锅。

张春玲

国家一级公共营养师
国家一级健康管理师
铃兰营养工作室创始人
上海长桥社区学校营养教师
上海工业技术学校营养教师
上海普为营养学院营养教师

　　幸福的体验很多时候会体现在美食上，而味觉带来的酸甜苦辣，可以让人忘记悲伤与烦恼。因此，美食不仅能暖心暖胃，还会温暖生活。别怕辜负时光，只对喜欢负责，每次品尝，都是幸福的时光 ……

上架建议◎大众饮食

ISBN 978-7-5578-3641-2

定价：49.90元

责任编辑：端金香　郭劲松
封面设计： 美印图文

TANSUO★FAXIAN
探索发现大百科
遨游太阳系

北京典开科技有限公司◎主编

吉林科学技术出版社